NÚMEROS

TREINE, TRACEJE, ASSOCIE E APRENDA

UM

DOIS

TRÊS

Todolivro

©TODOLIVRO LTDA.

Rodovia Jorge Lacerda, 5086 - Poço Grande
Gaspar - SC | CEP 89115-100

Ilustração:
Freepik e Shutterstock

Revisão:
Helena Cristina Lübke

IMPRESSO NA CHINA
www.todolivro.com.br

Dados Internacionais de Catalogação na Publicação (CIP)
(Câmara Brasileira do Livro, SP, Brasil)

Números: Quebra-cabeça - 4 anos / Todolivro; [Ilustração: Freepik e
Shutterstock].
Gaspar, SC: Todolivro Editora, 2023.
(Todolivro Play; 6)

ISBN 978-65-5617-908-7

1. Literatura infantojuvenil 2. Quebra-cabeças - Literatura infantojuvenil
I. Todolivro. II. Freepik e Shutterstock. III. Série.

23-146665   CDD-028.5

Índices para catálogo sistemático:

1. Livro quebra-cabeças: Literatura infantil   028.5
2. Livro quebra-cabeças: Literatura infantojuvenil   028.5

Eliane de Freitas Leite - Bibliotecária - CRB 8/8415

Instruções do jogo:

1. Este box contém **um quebra-cabeça com 35 peças.**

2. Procure uma superfície que tenha bastante espaço.

3. Embaralhe as peças do quebra-cabeça.

4. Vire para cima as peças que contêm a imagem a ser montada.

5. Após a montagem do quebra-cabeça, consulte o livro e faça as atividades propostas.

Dicas:

1. Experimente montar o quebra-cabeça de maneiras diferentes para testar sua capacidade.

2. Comece a montar com uma peça aleatória. Por exemplo, com a peça número "CINCO" ou "IOIÔS".

3. Monte o quebra-cabeça de trás para frente, começando pelo número 10 até chegar ao 1.

4. Explore diferentes formas de construir os números. No livro há **espaços para preenchê-los com grãos, pedrinhas ou massinha de modelar.**

5. Leia os números e conte os elementos. Depois, peça para que a criança os repita. Desta vez, vocês podem contar juntos.

coloque feijões ou massinha

Objetivo: **Montar, aprender e se divertir com os números.**

Cuidado com as peças:

- Guardar dentro da caixa em local seco e arejado.
- Não expor à alta temperatura.
- Não molhar, dobrar, perfurar, colar ou riscar.
- Evitar atrito excessivo nas bordas para não danificar as camadas do cartão.
- Para limpar, use um pano seco ou levemente úmido apenas nas superfícies.

Boa diversão!

UATRO CINCO SEIS

OITO SETE

TREINO MOTOR

VAMOS TREINAR PARA QUE, NAS PRÓXIMAS PÁGINAS, VOCÊ CONSIGA ESCREVER OS NÚMEROS.

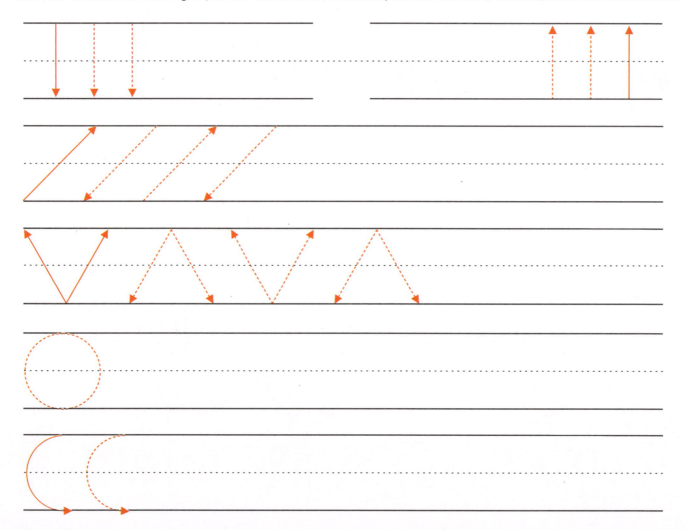

CUBRA OS PONTILHADOS E TREINE OS **NÚMEROS.**

CUBRA OS PONTILHADOS E TREINE OS **NÚMEROS.**

CUBRA OS PONTILHADOS E TREINE OS **NÚMEROS.**

CUBRA OS PONTILHADOS E TREINE OS **NÚMEROS.**

CUBRA OS PONTILHADOS E TREINE OS **NÚMEROS.**

VAMOS BRINCAR

OS **BRINQUEDOS** ESTÃO **PERDIDOS** PORQUE **NÃO FORAM GUARDADOS NO BAÚ**. VOCÊ TEM A **MISSÃO** DE AJUDÁ-LOS A ENCONTRAR O CAMINHO. BASTA ACOMPANHAR A HISTÓRIA.

UM SOLDADINHO DE CHUMBO
MARCHA, MARCHA SEM PARAR.
NÃO SE PREOCUPE,
O CAMINHO VOCÊ VAI ACHAR.
AVANCE UMA PÁGINA,
QUE EU VOU LHE AJUDAR.

DOIS DINOSSAUROS:
UM PARA LÁ,
OUTRO PARA CÁ.
UMA DICA EU VOU DAR:
SIGA À DIREITA
PARA CONTINUAR.

TRÊS PIPAS VOAM AO VENTO. VENTO LEVA, VOA, VOA ATÉ CHEGAR ONDE QUEREMOS ESTAR.

QUATRO FOGUETES

SOBEM RUMO AO ESPAÇO.
LOGO LÁ VÃO ESTAR. SIGA PARA
FRENTE PARA O PRÓXIMO
NÚMERO SE APRESENTAR.

CINCO IOIÔS:
UM PARA EU BRINCAR E OS OUTROS
PARA COMPARTILHAR. MAS VEJA
O SEGREDO: TEM QUE GUARDAR!
QUER ME AJUDAR? SIGA EM FRENTE
PRA CONTINUAR.

SEIS PATINHOS NADAM
PARA BRINCAR.
A MAMÃE GRITOU
QUÁ, QUÁ, QUÁ, QUÁ!
VAMOS PARA O LADO DE LÁ.

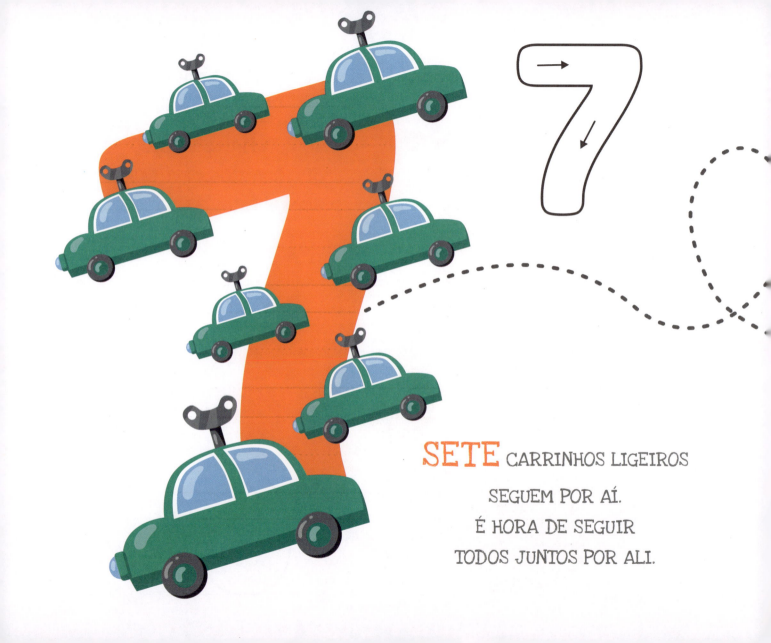

SETE CARRINHOS LIGEIROS
SEGUEM POR AÍ.
É HORA DE SEGUIR
TODOS JUNTOS POR ALI.

OITO URSINHOS AQUI E ACOLÁ. VAMOS, FOFURAS, PARA OUTRO LUGAR!

NOVE BOLAS

QUICAM DE TODOS OS LADOS

E COM MAIS UM CHEGAMOS NO DEZ.

VAMOS EMBORA, PARA O LADO DE LÁ.

DEZ BONECAS,
GRANDES E PEQUENAS,
PRONTAS PARA SEREM
ABRAÇADAS E GUARDADAS.

PARABÉNS, VOCÊ CHEGOU AO QUARTO!

AGORA, LEVE OS **NÚMEROS COM OS BRINQUEDOS** ATÉ O LUGAR CORRETO, O **BAÚ**.

LEMBRE-SE DE SEMPRE GUARDAR SEUS BRINQUEDOS PARA MANTER SEU QUARTO ORGANIZADO.

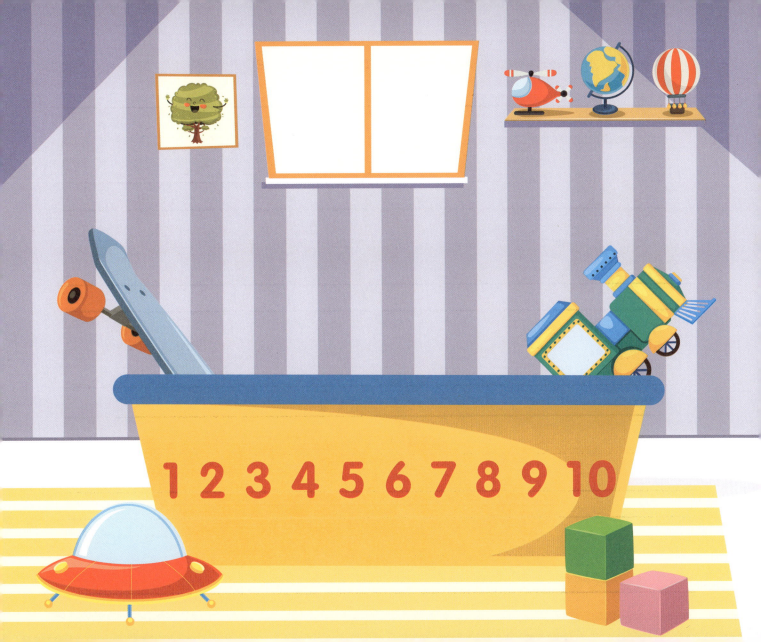

JOGO DOS 7 ERROS

MONTE O **QUEBRA-CABEÇA AO LADO** DESTA
PÁGINA E ACHE OS 7 ERROS.